# CONSEILS

POUR LA

## CONSERVATION DE LA VUE,

PAR J. J. LAVERGNE,

EX-PROFESSEUR DE L'UNIVERSITÉ, BACHELIER-ÈS-LETTRES,

MAINTENANT

OPTICIEN, QUAI DES CÉLESTINS, N° 49.

A PARIS,

CHEZ LES MARCHANDS DE NOUVEAUTÉS;

A LYON,

A LA LIBRAIRIE INDUSTRIELLE ET D'ÉDUCATION,

DE CHAMBET FILS,

QUAI DES CÉLESTINS, A L'ANGLE DE LA RUE D'AMBOISE.

1830.

# CONSEILS



## CONSERVATION DE LA VUE.

Il n'est personne sans doute qui ne mette le plus grand intérêt à la conservation de sa vue, et qui ne soit disposé à prendre toutes les précautions nécessaires pour en empêcher l'affaiblissement. En effet, c'est de tous les sens le plus utile à l'homme, celui qui lui procure le plus de jouissances, celui qu'il peut le moins suppléer. On sait d'ailleurs que c'est le plus délicat : non seulement il s'affaiblit insensiblement avec l'âge, mais il est sujet à mille accidents : les causes les plus légères peuvent lui porter un grand préjudice, le détériorer, ou même le détruire entièrement. Certains genres de vie sont surtout contraires à la conservation de la vue, l'affaiblissent et en accélèrent rapidement la perte. C'est ce qui arrive particulièrement aux personnes qui sont livrées à des occupations sédentaires, qui sont exposées à la poussière, ou qui travaillent à la lumière, etc. Cet affaiblissement n'est pas cependant sans remède : il est facile avec quelques précautions de le prévenir et de l'arrêter ; je dis plus : il est possible d'amé-

liorer la vue d'une manière sensible, et même d'en corriger les défauts; si, ordinairement, on n'en prend pas les
moyens, c'est faute de les connaître. J'ai tiré ces observations
de nombreux ouvrages, le plus briévement possible, et j'y
ai joint celles qui m'ont été suggérées par quinze ans de
pratique dans la profession d'opticien.

## DÉFAUTS DE LA VUE.

Les défauts de la vue sont au nombre de quatre: la
myopie, la presbytie, la faiblesse, et l'inégalité de force
dans les yeux, ce qui cause communément le strabisme.

Les myopes, ou ceux qui ont la vue courte, distinguent
clairement les objets voisins de l'œil ; mais ils n'aperçoivent que confusément ceux qui sont à une certaine distance. Ce défaut est ordinairement causé par la trop grande
convexité de l'œil. Les objets s'y peignent en trop grand
nombre, très petits, et par conséquent d'une manière con-
fuse. Au lieu des objets, le myope n'aperçoit que des
ombres. Quelquefois aussi la myopie est la suite d'un travail trop continuel à la lumière. L'œil fatigué fait effort
pour distinguer les objets mal éclairés, s'obscurcit peu à
peu et ne peut plus les voir que confusément.

Chez les vieillards, au contraire, les yeux en se dessé-
chant s'aplatissent ; de sorte que les objets éloignés vien-
nent s'y peindre dans une juste proportion, et se distinguent
facilement ; mais ceux qui sont trop près se peignant en
trop grand nombre, nécessairement doivent se confondre et
former un brouillard épais ; ils ne peuvent être aperçus
distinctement. Il est donc impossible aux vieillards de reconnaître les petits objets sans le secours de lunettes, qui par
leur convexité suppléent au trop grand aplatissement de
leurs yeux.

On prétendra peut-être que j'explique mal la cause de
la myopie et de l'affaiblissement de la vue. L'œil, dit-on,

est comme un verre plus ou moins convexe, dont le foyer doit être la rétine. S'il est trop convexe, son foyer est en deçà de la rétine; les objets ne sont aperçus que confusément. S'il est trop aplati, le foyer est au delà de la rétine ; il est également impossible de distinguer avec clarté. Ainsi, pour régulariser le foyer, le myope doit prendre des verres concaves, et le presbyte des verres convexes.

Le résultat est toujours le même. Sans prétendre rejeter cette explication, qui cependant n'est pas absolument satisfaisante, j'ai cru devoir, à l'exemple de Buffon, m'en tenir à une explication qui est plus intelligible pour tout le monde. Voici comment s'exprime cet auteur célèbre : « Les vieillards, dont les yeux, dit-on, se dessèchent, de- « vraient avoir la vue plus courte. Cependant c'est tout « le contraire : ils voient de plus loin, et cessent de voir « distinctement de près. Je crois qu'on en peut donner « la raison. Les vieillards ont la vue claire et non distincte, « ils aperçoivent de loin les objets assez éclairés ou assez « gros pour tracer dans l'œil une image d'une certaine « étendue; ils ne peuvent au contraire distinguer les « petits objets, comme les caractères d'un livre, à moins « que l'image n'en soit augmentée par le moyen d'un « verre qui grossit. Les personnes qui ont la vue courte, « voient au contraire très distinctement les petits objets, « et ne voient pas clairement les grands, pour peu qu'ils « soient éloignés, à moins qu'elles n'en diminuent l'image « par le moyen d'un verre qui rappetisse. Une grande « quantité de lumière est nécessaire pour la vue claire, « une petite quantité suffit pour la vue distincte. Aussi les « personnes qui ont la vue courte voient-elles à proportion « beaucoup mieux la nuit que les autres. »

Les yeux faibles ne sont pas susceptibles d'une longue application ; ils ne peuvent supporter ni une lumière un peu vive ni des couleurs éclatantes. Leur rétine est promptement fatiguée; ils ne peuvent rien distinguer; tous les objets leur paraissent environnés d'iris, ou cercles colorés plus ou moins brillants qui leur en dérobent la vue.

Un grand nombre de personnes ont les yeux de force inégale; de sorte que, si l'un des yeux peut distinguer par exemple de petits caractères à trois pieds de distance, l'autre ne les distingue plus à vingt, vingt-cinq ou trente pouces. Dès que les objets sont hors de la portée de l'œil faible, ils sont enveloppés d'une pénombre ou un léger nuage, qui les obscurcit en partie lorsqu'on se sert des deux yeux; pour les distinguer plus clairement on est donc forcé de détourner ou de fermer l'œil faible. Lorsque cette inégalité vient de naissance, l'œil habitué dès le principe a une fausse direction devient louche; si elle a été occasionée par une maladie ou par quelque autre cause, habitué à se diriger comme l'autre, l'œil faible ne devient pas louche, mais fixant toujours des objets hors de sa portée, il se fatigue et s'affaiblit de plus en plus.

## ARTICLE PREMIER.

### DE LA VUE COURTE OU MYOPIE.

Ceux qui ont la vue courte peuvent espérer qu'elle s'améliorera avec l'âge : les yeux perdent peu à peu cette convexité extraordinaire qui produit la myopie. Il ne serait pas impossible de corriger en partie ce défaut dans l'enfance : il faudrait obliger l'enfant à diriger souvent ses regards sur des objets éloignés. Cet exercice, continué quelque temps, donne aux yeux une plus grande force. Mais comme il est très rare que les yeux du myope soient de force égale, il est à craindre que l'enfant ne s'accoutume à ne faire usage que du plus fort, habitude dangereuse qui, en augmentant l'inégalité des yeux, dispose au strabisme.

C'est une erreur de croire que les lunettes concaves accourcissent encore la vue; sans doute, si l'on en prenait de trop fortes elles seraient funestes; mais la douleur qu'elles feraient éprouver, avertirait bientôt qu'elles ne seraient pas convenables et qu'il faudrait les quitter ; si au contraire on les choisit bien, ce qui est très facile, on peut parvenir à améliorer la vue d'une manière sensible.

Nous avons fait observer plus haut qu'il était fort rare qu'un myope eût les deux yeux de même force. Cette inégalité, qui devient plus sensible après une maladie sérieuse, n'est pas sans remède : il suffit de se servir de verres de foyers inégaux et appropriés à chaque œil, ou d'un verre un peu concave pour l'œil affaibli, et d'un verre plan pour l'œil sain, afin de donner aux deux yeux un égal degré de lumière. Si par cette précaution l'œil faible acquiert sensiblement de la force, on emploiera un verre moins concave, et au bout de quelque temps les deux yeux se sont parfaitement égaux, et l'on pourra même se passer de lunettes.

## ARTICLE DEUXIÈME.

### DE LA VUE LONGUE OU PRESBYTIE.

Ce défaut, suite inévitable des années, est occasioné, comme je l'ai dit plus haut, par le trop grand aplatissement de l'œil, qui ne permet pas de distinguer les objets voisins. Ceux qui sont atteints de presbytie, n'ont besoin de lunettes que lorsque cet aplatissement est excessif, ce qu'il est facile de reconnaître aux marques suivantes :

1º Quand on est obligé de tenir les petits objets à une distance considérable avant de pouvoir les distinguer.

2º Quand, pour discerner les objets, il faut plus de lumière que de coutume, par exemple, lorsqu'on est obligé de mettre la lumière entre l'œil et l'objet, pratique ordinairement funeste à la vue.

3º Quand un objet, placé près des yeux et examiné attentivement, devient obscur et paraît couvert d'une espèce de brouillard.

4° Lorsqu'en lisant ou en écrivant on voit les lettres se confondre les unes avec les autres, ou qu'elles paraissent doubles ou triples.

5° Quand les yeux se fatiguent aisément et sont obligés de se fermer de temps en temps, ou de se diriger sur de nouveaux objets pour se délasser.

Dans ces cas, il ne faut pas hésiter à faire usage de verres convexes. C'est un préjugé vulgaire que l'usage de ces lunettes rende la vue encore plus longue et plus mauvaise : il la soutient au contraire, et si l'on prend les précautions convenables, on peut être assuré de conserver ses yeux jusqu'à la dernière période de la vie.

## ARTICLE TROISIÈME.

### DES YEUX FAIBLES.

« Lorsqu'on jette les yeux sur un objet trop éclatant,
« ou qu'on les fixe et les arrête trop long-temps sur le
« même objet, l'organe en est blessé et fatigué, la vision
« devient indistincte ; et l'image de l'objet ayant frappé
« trop vivement ou occupé trop long-temps la partie de
« la rétine sur laquelle elle se peint, y forme une impression durable, que l'œil semble porter ensuite sur
« tous les autres objets. La trop grande quantité de lumière est peut-être ce qu'il y a de plus nuisible à l'œil,
« et c'est une des principales causes qui peuvent occasioner la cécité. »

Cette observation d'un auteur célèbre, vraie pour tous les yeux en général, l'est bien davantage pour les yeux faibles, que le moindre éclat peut blesser promptement. L'accident terrible dont ils sont menacés est bien propre à faire prendre toutes les précautions nécessaires pour le prévenir ; en conséquence, je m'attacherai à développer ici la pensée de Buffon, en détaillant les moyens de conserver la vue, particulièrement la vue faible, et de la protéger contre tout ce qui pourrait la fatiguer ou la blesser.

1° Il faut toujours aux yeux une lumière suffisante et uniforme, qui affecte la rétine sur tous les côtés à la fois. Ainsi, rien n'est plus dangereux que de lire ou d'écrire au clair de la lune, pendant l'aurore et le crépuscule, parce que l'œil ayant de la peine à distinguer les objets mal éclairés, est forcé de s'exercer trop long-temps, et cette application trop forte le fatigue nécessairement.

2° L'obscurité ou l'ombre n'est salutaire aux yeux que lorsqu'ils sont inoccupés, ou que l'obscurité est naturelle, et s'étend par conséquent partout. Pendant le jour aucune obscurité artificielle n'est assez uniforme; l'œil, obligé de s'exercer dans un moment plus que dans un autre, souffre nécessairement de ce changement.

3° Le passage subit de l'obscurité à une lumière éclatante cause une douleur sensible, même à la plus forte vue. Les yeux faibles surtout en sont vivement blessés. En général, il faut éviter de considérer les objets trop brillants, tels qu'un mur éclairé des rayons du soleil, la flamme, la lumière d'une lampe ou d'une chandelle. Il faut avoir soin de ne jamais avoir la lumière en face, mais prendre une direction latérale, ou se servir de lunettes en verres de couleur.

4° C'est une erreur de croire que des yeux faibles doivent avoir une faible lumière, quand ils sont occupés à considérer de petits objets. Cette pratique les affaiblirait certainement encore davantage. Il ne faut pas même suspendre trop long-temps l'exercice de ses yeux, trop de repos leur est nuisible; et il est extrêmement dangereux de rester le soir des heures entières sans lumière.

5° La lumière artificielle des chandelles ou des bougies est préjudiciable aux yeux faibles, non pas, comme quelques personnes l'imaginent, parce qu'elle est trop forte, mais parce que la flamme d'une chandelle éclaire trop vivement l'œil sur un seul point, et n'affecte pas également la rétine.

# ARTICLE QUATRIÈME.

## DE L'INÉGALITÉ DE FORCE DANS LES YEUX.

Puisque le strabisme est toujours causé par une inégalité de force dans les yeux, on peut le regarder comme un défaut sans remède; il n'est guère possible de le corriger, excepté dans l'enfance, où les organes sont plus délicats ou plus flexibles. Mais il est toujours possible de le prévenir, en modérant l'inégalité des yeux; il suffit pour cela de faire usage de lunettes dont les verres, de foyers différents, soient appropriés à la force de chaque œil, comme je l'ai dit plus haut.

Pour les enfants, dès qu'on s'aperçoit qu'ils sont louches, ou qu'ils ont de la propension à le devenir, il faut de suite employer le moyen des louchettes; on en fait de différentes formes, en voici pour exemple une facile à concevoir : ce sont des coquilles en ébène ou en corne noire, de la forme de l'œil. Ces coquilles tiennent à des taffetas qu'on attache autour de la tête de l'enfant; elles n'ont chacune qu'un trou d'une ligne ou deux d'ouverture, placé exactement au centre. L'enfant est obligé pour voir, de faire des efforts qui ramènent la prunelle à son centre. Dès qu'il y a amélioration, on donne plus d'ouverture au trou des coquilles, et en peu de temps l'enfant le plus louche aura les yeux comme il devait les avoir. Il faut avoir soin de n'ôter à l'enfant ses louchettes que le soir dans l'obscurité, et de les lui remettre de suite à son lever, tant que cela sera nécessaire.

## DU CHOIX DES LUNETTES.

On ne saurait trop se persuader de l'importance du choix de la première lunette : de ce choix dépend le sort de la vue.

Lorsqu'on choisit des verres, il ne faut pas tant faire attention à leur pouvoir de grossir les objets qu'à leur rapport avec l'état de la vue ; il faut donc choisir non ceux qui grossissent le plus, mais ceux qui donnent la meilleure et la plus claire vision. Il est bon de changer ses verres de temps en temps, c'est-à-dire lorsqu'ils ne donnent plus assez de secours. Mais il ne faut pas faire trop vite ce changement, de peur que les secours de l'art ne soient épuisés trop promptement, et que par la suite on ne puisse trouver des verres qui grossissent assez.

C'est une pratique nuisible que de se servir d'autres lunettes que de celles auxquelles on s'est accoutumé ; toute irrégularité est dangereuse pour les yeux, et leur conservation dépend principalement de l'uniformité des lunettes et de la lumière. Beaucoup de personnes portent des lunettes le soir, et s'en dispensent pendant le jour. C'est encore une pratique imprudente et funeste : il vaut beaucoup mieux avoir une seconde paire de lunettes qui grossissent davantage, et s'en servir à la lumière ; de cette manière, la rétine recevra dans tous les temps une quantité de lumière à peu près égale, et les yeux conserveront plus long-temps leur vigueur.

On ne doit se servir de lunettes que pour les objets auxquels elles sont destinées, c'est-à-dire pour les occupations où les yeux sont toujours tenus à une égale distance ; par exemple dans la lecture ou l'écriture, il ne faut pas adopter des lunettes sans les avoir parfaitement essayées, ni se contenter de celles qui présentent d'abord les objets clairement et distinctement ; car les objets ne seront pas toujours à la même distance de nous qu'ils le paraissent à la première expérience : il vaut donc mieux essayer les lunettes pendant quelques temps, à la lumière, dans la position du corps et au genre de travail auxquels on est accoutumé.

Beaucoup de personnes, pour éviter de porter des lunettes, préfèrent se servir d'un lorgnon ou lunette à un seul verre ; ce qui est très dangereux, parce que l'œil dont on se sert alors, se fatigue ordinairement et s'affaiblit, tandis que l'autre reste dans l'inaction, s'habitue à ne plus se diriger avec ensemble, et devient louche.

Un usage plus pernicieux encore, c'est de se servir de loupe pour la lecture ; il est évident, en effet, qu'il doit être nuisible de tenir les yeux dans un exercice continuel, comme dans ce cas-ci, où tous les mouvements de la main et de la tête font varier sans cesse le point visuel, ce qui change le foyer et fatigue beaucoup la vue.

Les myopes surtout se servent assez généralement de lorgnons ; mais le plus convenable est de faire usage de lunettes concaves, qui, bien choisies, peuvent être de la plus grande utilité.

En effet, lorsque le myope veut écrire, ou se livrer à quelque travail délicat, il est forcé de se courber considérablement, sa poitrine est oppressée, ce qui le fatigue beaucoup et n'est pas sans danger ; tandis qu'avec des lunettes à sa portée, il peut en écrivant ou en lisant, conserver la position la plus commode, parce que ses lunettes lui permettent de tenir les objets à une plus grande distance.

Lorsque le myope s'est servi quelque temps de ses verres, qu'il en prenne de moins concaves ; ce changement lui sera d'abord un peu désagréable ; mais ses yeux seront bientôt accoutumés, et distingueront aussi bien avec moins de secours. En opérant ce changement de temps en temps, la myopie sera moins forte au bout de quelques années.

Les personnes qui ont la vue courte, et qui désirent faire usage de lunettes, peuvent en déterminer exactement le foyer, en présentant très près de l'œil les plus petits caractères imprimés, et en les éloignant peu à peu, jusqu'à ce qu'elles puissent lire distinctement et sans effort. Lorsqu'après quelques essais, on est assuré de ce foyer, on n'a qu'à mesurer la distance de ce point à l'œil ; en recevant cette mesure, l'opticien pourra juger avec certitude des lunettes qu'il doit donner.

Pour terminer cet article, nous tâcherons de détruire chez certaines personnes la répugnance qu'elles ont à prendre des lunettes, en les avertissant du danger qu'il y a à s'obstiner à n'en pas vouloir. Dès qu'on aperçoit que sa vue commence à chanceler, il convient de prendre des lunettes d'un numéro faible, dites conserves, parce que la vue faisant des efforts, s'affaiblit avec une effrayante progression, et oblige ensuite à prendre des verres d'un foyer beaucoup plus fort.

Le mot *conserves* qu'on emploie pour désigner des lunettes d'un foyer faible, est un mot impropre ; car toutes les lunettes sont conserves, lorsqu'elles sont en verres fins et bien appropriées à la vue.

## DES LUNETTES DE COULEUR.

On prend des lunettes de couleur, soit par précaution, soit par maladie ; dans les deux cas, c'est toujours pour se garantir du trop grand éclat de la lumière ; il importe alors de les choisir d'une surface bien *plane*, pour qu'ils ne grossissent ni ne diminuent. Ce sont les verres qui demandent le travail le plus soigné.

Toutes les nuances ne conviennent pas aux mêmes personnes ; aux unes il faut des verres très peu colorés, et à d'autres une nuance foncée est nécessaire, selon que les yeux sont plus ou moins affectés ; en général, les verres d'une couleur claire conviennent mieux.

Nous n'avons parlé ci-dessus que des verres plans ; mais il se fait des verres de couleur pour toutes les vues, pour les myopes comme pour les presbytes.

On se servait depuis long-temps de verres verts ; mais par une heureuse innovation, on leur a substitué les verres bleus. La couleur verte avait pour elle d'être celle de la nature ; mais les verres de cette nuance avaient des inconvénients très préjudiciables à la vue : d'abord ils dénaturaient les couleurs et leur donnaient une teinte livide ; puis, lorsqu'on les quittait, tous les objets étaient pour un instant environnés d'une auréole tantôt jaune et tantôt rougeâtre.

Les verres bleus n'ont aucun de ces inconvénients, ont les mêmes avantages, et l'on peut avec raison les surnommer les véritables conservateurs de la vue.

## DU TRAVAIL DES VERRES.

Sans entrer dans une démonstration scientifique, on peut faire comprendre à tout le monde la différence des verres fins et des verres communs.

Il faut, avant tout, que la collection des bassins en cuivre qui servent à la confection des verres, soient eux-mêmes préparés et travaillés avec soin, afin qu'ils donnent tous exactement le foyer qu'ils doivent donner, sans quoi il s'en suivrait des défectuosités nombreuses. Il y a une paire de bassins pour chaque numéro. Le bassin concave sert à fabriquer les verres convexes, et le bassin convexe les verres concaves. Le calibre de la courbe d'après lequel a été faite chaque paire de bassins, est pris sur la circonférence du cercle, c'est ce qui détermine le foyer ou numéro des verres.

L'Opticien choisit ensuite la matière, morceau par morceau ; il évite les fils et les points brillants qui resteraient après le travail ; il commence à donner à ses verres la courbe du bassin par un gros émeri, puis par un plus fin. Il les doucit avec de la pâte d'émeri, c'est le moment du travail le plus difficile. Si les verres sont bien doucis, le poli sort plus beau ; si le *douci* est manqué, le *poli* est toujours difficile à conduire à sa fin. On connaît le beau *poli* d'un verre, lorsqu'il ne reste aucune trace du *douci*, autrement, en terme d'opticien, s'il ne reste plus de gris.

Il y a plusieurs manières de polir les verres : ou au drap, par le moyen du rouge anglais, ou au papier, par celui de la pierre pourrie, de la potée d'étain, ou du tripoli. Le *poli* au drap est vif, mais il est sujet à renverser les bords des verres et à en dénaturer le foyer; le drap est trop épais et les verres ne prennent que difficilement la courbe du bassin ou de l'outil sur lequel on les fait. Le *poli* au papier est donc le plus parfait, il donne le foyer ou la courbe d'un bassin avec certitude ; il est à la vérité moins brillant, moins vif, mais plus égal, et par conséquent plus favorable à la vue.

Les verres faits avec de telles précautions sont les seuls verres fins; il est impossible que des verres communs qui se font par *centaines*, aient la perfection des fins , qui sont en outre travaillés un par un. Examinez un verre fin , vous le voyez pur; le verre commun paraît à l'œil le moins exercé tout sablé, rempli de points et de raies; les verres communs ont encore un autre défaut bien plus nuisible à la vue : c'est qu'ils ne donnent jamais qu'un foyer inexact, et que même ils en ont souvent deux ; par exemple : un verre fin est du numéro 24 d'une manière exacte , et un verre commun a, avec le foyer 24 dans le milieu, le foyer 15 sur les bords. Les personnes qui s'obstinent à porter des lunettes communes s'exposent , après un certain nombre d'années , et peut-être plus promptement , a avoir les yeux affectés de graves maladies , presque sans remède , telle que la cataracte , etc.

Le choix des verres fins et leur comparaison avec les verres communs ne sont donc pas difficiles à faire ; d'ailleurs , la confiance que l'on accorde à un Opticien doit être un sûr garant de leur bonne confection.

DES VERRES PÉRISCOPIQUES.

Les verres *périscopiques* se travaillent de même que les verres sphériques fins , seulement les courbes sont changées. Ils ont été inventés en Angleterre par Vollaston , savant distingué ; et M. Cauchois, un des meilleurs opticiens de Paris , les a importés en France. Il a fallu beaucoup de patience et un grand nombre d'expériences pour calculer les meilleures courbes , tant pour les myopes que pour les presbytes. Les verres périscopiques ont deux courbes qui leur donnent à tous la forme concave d'un côté et convexe de l'autre. Cette forme est très favorable, surtout pour les myopes, qui généralement ont les yeux très saillants. Ce genre de verres n'est bon que pour les numéros forts, c'est-à-dire, pour les vues bien courtes ou bien affaiblies, parce qu'alors la forme périscopique est bien déterminée, ce qui n'existe presque pas pour les lunettes dites *conserves.*

Les verres périscopiques ont l'avantage sur les autres de courber moins les lignes, d'avoir un foyer plus étendu sur toute leur surface ; par exemple, le foyer d'un verre fin ordinaire du numéro 6 concave n'est exactement que dans le centre, tandis que le verre périscopique l'a presque dans toute son étendue. Le verre numéro 6 concave dont nous parlons est excessivement mince dans le milieu, et le verre périscopique du même numéro conserve presque une égale épaisseur.

Les verres véritablement périscopiques sont rares, parce que généralement les véritables courbes d'après lesquelles il faut les travailler, sont peu connues. Ces verres sont surtout utiles pour toutes les occupations mobiles, telles que la chasse, le billard, etc., parce que les yeux ont toujours le même foyer, quoique forcés de se porter sur le bord des verres. Les verres périscopiques ont en outre un effet plus doux et plus agréable à la vue, ce qui ne peut s'apprécier que par une longue expérience.

IMPRIMERIE DE LOUIS PERRIN, A LYON.